越吃越瘦

赖平平的 **80** 道
减脂家常菜

赖平平·著

化学工业出版社
·北京·

内容简介

适合中国人的减脂餐来了！再也不用吃沙拉吃到浑身发冷，啃发柴的鸡胸肉啃到丧失信心。香菜牛肉、手撕包菜，再来盘蒜香烤茄子，减脂餐也可以如此接地气。

本书提供了方便易记的减脂饮食法则，早中晚三餐的搭配指南，以及80道减脂家常菜的做法，使用方便，效果明显。

吃得顺心，才有坚持下去的动力！让我们一起吃一起瘦。

图书在版编目（CIP）数据

越吃越瘦：赖平平的80道减脂家常菜/赖平平著. —北京:化学工业出版社，2021.2（2024.2重印）
ISBN 978-7-122-38311-2

Ⅰ.①越… Ⅱ.①赖… Ⅲ.①家常菜肴-菜谱 Ⅳ.①TS972.127

中国版本图书馆CIP数据核字(2021)第002406号

责任编辑：丰 华　李 娜　　　文字编辑：郭喜军
责任校对：赵懿桐　　　　　　　装帧设计：子鹏语衣

出版发行：化学工业出版社（北京市东城区青年湖南街13号 邮政编码100011）
印　　装：北京宝隆世纪印刷有限公司
710mm×1000mm 1/16　印张11½　字数400千字　2024年2月北京第1版第2次印刷

购书咨询：010-64518888　　　　　售后服务：010-64518899
网　　址：http://www.cip.com.cn
凡购买本书，如有缺损质量问题，本社销售中心负责调换。

定　　价：68.00元　　　　　　　　　　　　　　版权所有 违者必究

前　言

历时四年，和健身私教的一对一谈话，与营养师在食材上的沟通与探讨，以及无数个日夜绞尽脑汁地修改方案，终于汇总成了这本减脂食谱。

"吃饱了才有力气减肥"，起初是为帮助我先生健康减肥，才开始学习做减脂餐。他的减脂效果显著，我也越发有了动力，结合多年做美食的经验，以及与业内的专业人士探讨，我便开始编写一系列减脂食谱。

这本减脂食谱是以独有的湖南特色湘菜为主，分为碳水化合物（主食）菜谱、家常菜谱、膳食纤维（蔬菜）菜谱、优质蛋白质菜谱四部分，以吃不腻、吃不胖为核心，同时补充所需的营养，做法简单易上手，食谱偏大众化，可作为家庭食谱。

减脂餐的选材很关键，但是控制食材的比例更重要，一顿低卡低脂营养餐的热量控制在 300 ~ 500 千卡，和食材的多与少息息相关，每一顿减脂餐，都有相应的指标控制，这样既可以吃饱，同时又能减肥，身心都得到满足。

减肥这件事不是一蹴而就的，是一个循序渐进的过程。在这个过程中，要确保一颗平常心，不需要每天盯着称重量，这样会产生心理负担，进而得不偿失，应在一个良好的氛围中，每天为自己烹饪健康又好吃的食物，搭配健康有效的运动，体脂降下来了，精神状态在线，厨艺也有了，其实生活就是这样充实而又简单。

一个月不重样的减脂餐，让你味蕾得到满足，提高幸福指数，同样又能兼具好身材。

目 录

鸡肉

鱼肉

第二章

—

碳水化合物（主食）

第三章
—
膳食纤维（蔬菜）

第四章
—
家常减脂菜

一

减重饮食
基础

① 每餐的搭配总则

● **蛋白质＋脂肪＋碳水化合物＋膳食纤维，根据自己的情况适当调整比例。**

摄取优质蛋白一定要吃肉、蛋、鱼、禽、奶：蛋白质能提供长久的饱腹感，是人体所需的各种营养素的核心。

摄取的优质脂肪中要有一定量的食用油：每天的食用油摄入量控制在 20 克以下即可（两瓷勺）。

碳水化合物绝不能少：碳水化合物几乎是大脑唯一的能量来源。

获取膳食纤维要多吃蔬菜：蔬菜可以提供大量膳食纤维，增加饱腹感，促进胃肠道蠕动，且热量低，是每餐必不可少的食材。

② 三餐的标准配置

● 标准配置 / 早餐

水煮胡萝卜　　　蒸紫薯　　　生菜　　　青菜炒龙利鱼　　脱脂牛奶

10：00 前

豆/乳饮品、蛋白质（1份）

主食（大小约50克）

蔬菜（不限量）

快手搭配

紫薯（约50克）、牛奶（200毫升）、鸡蛋（1个）、黄瓜/番茄（1个）

11:00~13:00
主食（约50克）
蛋白质（约50克）
蔬菜（不限量）

快手搭配

牛肉（约50克）、芋头（约50克）、叶类菜（不限量）

18:00~20:00
主食（约50克）
蛋白质（约50克）
蔬菜（不限量）

快手搭配

鱼肉（约50克）、山药（约50克）、叶类菜（不限量）

③ 减脂期食物推荐

主食	红薯、紫薯、山药、芋头、藕、南瓜、胡萝卜、藜麦、糙米、燕麦、荞麦面、全麦意面、小米、黑米、黑豆、红芸豆、板栗、薏仁
肉蛋水产	鸡蛋、牛肉、鸡胸肉、猪血、驴肉、海带、紫菜、扇贝、螃蟹、鱿鱼、海参、鳕鱼、沙丁鱼、海蜇丝、三文鱼、虾、北极贝
蔬菜	黄瓜、番茄、丝瓜、韭菜、白菜、菠菜、苦瓜、白萝卜、冬瓜、黄豆芽、芦笋、马齿苋、四季豆、洋葱、茼蒿、菌菇类、辣椒、卷心菜、紫甘蓝、西芹及其他绿叶菜
水果	猕猴桃、草莓、蓝莓、桑葚、芒果（小）、香蕉、柚子、梨、石榴、木瓜、杨梅、桃子、樱桃、番茄、李子

●每日摄入一拳大小（约50克）的低糖水果

饮品	白开水、矿泉水、自泡茶、黑咖啡（无糖可加鲜牛奶）、柠檬片加水、零度可乐
油脂类	橄榄油、椰子油、山茶籽油、葵花籽油、亚麻籽油、新鲜坚果、无盐烘烤坚果
调味品	大蒜、姜、香葱、椰子醋、胡椒粉、孜然粉、罗勒碎、油醋汁、黄芥末、零卡沙拉酱、新鲜山葵根、无糖纯苹果醋、白醋、木糖醇、甜菊糖
豆乳制品	白豆腐、纯牛奶、无糖酸奶、无糖鲜榨豆浆

④ 禁食食物表

禁食的主食	粥、粉、面、粉丝、肉包、红薯粉、蒸饺、各类糊、各类糕点、零食、油炸类主食
禁食的蛋禽鱼肉豆制品	香肠、火腿肠、培根、腊肉、豆皮、香干、肥肉、鸡皮、鱼皮、腌制鱼、鱼干
禁食的蔬菜	剁辣椒、榨菜、腌制蔬菜、脱水蔬菜
禁食的水果制品	果脯、蜜饯、果干、水果罐头
禁食的油脂类	辣椒油、芝麻油、花生油
禁食的饮品	含糖饮料、含糖咖啡、酒、蔬菜汁、红糖水、果汁
禁食的调味料	糖、腐乳、芝士、辣椒油、豆瓣酱、花生酱、市售沙拉酱、番茄酱
禁食的豆乳制品	奶酪、复原乳、早餐奶、乳饮料、含糖酸奶、含糖豆浆

第 一 章

一

优质蛋白质

蛋滑虾

2 人份

原 料

虾仁16只(约86克)　　盐少许
鸡蛋2个(约110克)　　油、生粉各适量
姜丝 10 克
葱花 18 克

原料和做法示意

做 法

1. 虾仁去虾线清洗干净。用姜丝、一点点盐腌
   制 20 分钟以上，去腥。

2. 鸡蛋打散，用一点点盐搅拌均匀。

3. 把姜丝取出，用厨房纸巾吸干虾仁表面的水
   分，用些许生粉搅拌均匀，这样炒出来的虾
   仁非常嫩。

4. 锅中放多一点油（因为之后还要煎鸡蛋），
   油烧热，把虾仁放入锅中翻炒变色后再炒
   1 ~ 2 分钟，沥干油盛出。

5. 继续烧热锅中油，倒入鸡蛋液铺满锅底。

6. 待周边凝固中间还是液态的时候倒入炒好的
   虾仁，然后用锅铲慢慢地从周边开始翻炒。

7. 倒入葱花快速翻炒几下即可出锅，千万不要
   把鸡蛋炒老了。

小贴士：虾仁一点腥味都没有，炒出来非常嫩。
　　　　鸡蛋入口即化，加上最后的葱花点缀，
　　　　吃起来真的非常香。

番茄虾丸汤

(2人份)

原 料

虾仁12只　　蛋清半个

番茄1个　　　葱花、盐、白胡椒粉、

姜末3克　　　蚝油、油各适量

生粉4克

做 法

1. 虾仁去虾线清洗干净。番茄上划个十字口，用沸水烫一下，去皮，切丁备用。

2. 把虾仁剁成泥，加入姜末、生粉、蛋清、盐、白胡椒粉和一点点蚝油，顺时针搅拌均匀。

3. 锅中放入适量油和盐，把番茄丁倒入锅中翻炒。

4. 炒至番茄丁稍稍浓稠，有点像果酱，放入适量水煮开后，继续煮几分钟。

5. 用手挤出虾丸，再用勺子当辅助工具把虾丸取出放入煮沸的番茄汤中。

6. 盖上锅盖焖几分钟，至虾丸熟透。

7. 试一下味道，淡了可适当再加一些盐和蚝油，最后撒入葱花关火。

原料和做法示意

莲花虾饼

(1 人份)

原 料

虾仁 10 只约 140 克　　料酒 2 克
胡萝卜 30 克　　　　　盐 1 克
姜末 5 克　　　　　　鲜百合、枸杞子、
玉米淀粉 3 克　　　　生抽各适量
蚝油 6 克.

做 法

1. 虾仁去虾线洗净后剁成肉泥，胡萝卜切丝，
   姜末加入虾泥中，再放入玉米淀粉、蚝油、
   料酒、盐按顺时针搅拌均匀，腌制 20 分钟；
   鲜百合掰开成瓣。

2. 将腌制好的虾肉泥搓成球，可以搓小一点；将
   百合瓣嵌入虾肉泥中，这样蒸出来不会散开。

3. 蒸锅放水，烧开，把做好的百合虾饼放上去，
   中间用一粒枸杞子装饰。

4. 水开后蒸 6 分钟，装盘，淋些许生抽即可。

原料和做法示意

虾仁豆腐

【 2 人份 】

原 料

鸡枞菌 80 克（可以　青菜 80 克
用其他菌类代替）　姜、料酒、生抽、蚝油、
内酯豆腐 340 克　　盐、油各适量
虾仁 10 只（120 克）

做 法

1. 内酯豆腐用水轻轻冲洗一遍，然后切小块备用。

2. 鸡枞菌切细条，姜切丝，虾仁去虾线洗净，青菜择洗干净备用。

3. 锅中放入些许油，烧热，放些许盐，把虾仁和姜丝放进去翻炒至虾仁变色，再淋一点点料酒翻炒，把虾仁盛出，姜丝留在锅中。

4. 把鸡枞菌条放入锅中翻炒变软后，再翻炒 4 分钟左右。

5. 把炒好的虾仁回锅翻炒均匀，加适量水，用盐、生抽、蚝油调味。

6. 把内酯豆腐块倒入锅中，稍稍搅拌一下，千万不要太用力，小火煮 7 分钟左右。

7. 再把青菜放进去煮 2 分钟，即可盛出。

虾类

三鲜豆腐

（ 2人份 ）

原 料

虾仁10只　　　　姜丝、盐、白胡椒粉、
内酯豆腐1块　　　大葱叶、老抽、蚝油、
红、绿辣椒各1根　虾油各适量
蟹味菇50克

做 法

1. 虾仁去虾线洗净，用姜丝、盐、白胡椒粉腌制一下，内酯豆腐切小块，蟹味菇清洗干净掰成小朵。

2. 锅中放入水和少许盐煮开，放入豆腐块煮2~3分钟，捞出，过一遍凉水。

3. 锅中放适量虾油，烧热，放入腌制好的虾仁翻炒至变色，盛出。

4. 锅中再放一点点盐，把蟹味菇放进去，在翻炒的过程中会出水，小火炒至水慢慢收干即可。

5. 绿辣椒切丝，红辣椒切丁，放入锅中同蟹味菇一起翻炒。

6. 把炒好的虾仁放入锅中继续翻炒，放一些水，没过食材一半就好。

7. 把豆腐块放进去，用盐、一点点老抽、蚝油调味，盖上锅盖小火焖一下，大葱叶切小段，放入锅中翻炒一下即可出锅。

小贴士：虾油的做法，锅中放油、花椒、姜片、虾头炸出虾油即可，用些许虾油炒这道菜，更加鲜美。

原料和做法示意

什锦虾仁

(2 人份)

原 料

虾仁 12 只　　青辣椒半个
鸡蛋 2 枚　　大蒜 3 瓣
胡萝卜 50 克　　生粉、料酒、盐、蚝油、
泡发木耳 30 克　　老抽、油各适量

做 法

1. 虾仁去虾线洗净，用生粉、料酒、盐腌制 20 分钟。

2. 胡萝卜、木耳、青辣椒切丝，大蒜切片。

3. 鸡蛋打散，放一点点盐搅拌均匀。

4. 锅中放适量油烧热，把鸡蛋液均匀倒入锅中翻炒，盛出。

5. 再放适量油烧热，放入虾仁翻炒至变色。

6. 把虾仁拨到一边，放步骤 2 的所有材料翻炒。

7. 放适量盐、蚝油、老抽调味继续翻炒一下。

8. 把炒好的鸡蛋倒入锅中和所有食材翻炒均匀。

9. 撒葱花翻炒一下即可。

原料和做法示意

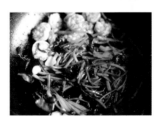

虾类

蒜蓉虾丸

(2人份)

原 料

虾仁 180 克　　葱花适量
红辣椒 3 个　　姜 5 克
洋葱 100 克　　蚝油、盐、生粉、
大蒜 1 头　　　老抽各适量

虾丸做法

1. 鲜虾仁去虾线清洗干净，姜去皮备用。

2. 虾仁和姜放入料理机打成泥（没有料理机的可直接用刀剁成泥）。

3. 用适量蚝油、一点点盐和生粉搅拌均匀腌制 20 分钟。

4. 锅中放水烧至快冒泡，挤出虾丸放入水中，煮 10 秒捞出。

蒜蓉虾丸做法

5. 大蒜、洋葱切末，红辣椒切小丁。

6. 锅中放适量油烧热，放一点点盐，把洋葱末、大蒜末翻炒至变软微黄为止。

7. 放入红辣椒丁翻炒 3 分钟左右，放一点点水、老抽和蚝油调味。

8. 把虾丸放进去翻炒均匀。

9. 撒入葱花即可出锅开吃。

原料和做法示意

虾类

蒜蓉虾蒸蛋

2 人份

原料

虾仁 15 只	葱白 10 克
鸡蛋 2 个	八角两个
大蒜 3 头	桂皮·小块
朝天椒 15 个	香叶两片
洋葱 90 克	生抽、蚝油、
大葱 50 克	盐各适量

原料和做法示意

蒜蓉酱做法

1. 大蒜剥皮切末，朝天椒切末（不喜辣的可以用不辣的红椒替换），洋葱切条，大葱切条，葱白切段备用。

2. 锅中放适量油（可比平时炒菜多一些），放入洋葱条炒香。

3. 陆续放入大葱条、葱白段小火炸至金黄色，中途时不时翻炒一下。

4. 放入香料继续炸一下，待锅中配料都炸至焦黄色，把所有配料沥干油捞出。

5. 锅中油继续小火加热，把大蒜末放入锅中爆香，待大蒜末变软。

6. 放入朝天椒末，翻炒几分钟，放适量盐翻炒一下即可出锅，蒜蓉酱就做好了（不在减脂期的朋友，可以再放适量糖提鲜。）

原料和做法示意

蒜蓉虾蒸蛋做法

7. 虾仁去虾线洗净。

8. 鸡蛋磕入碗中，放一点点盐，朝一个方向打均匀。

9. 取140克温开水倒入鸡蛋液中（左手慢慢倒入，右手用筷子不停搅拌）搅拌均匀，用勺子去除表面泡沫。

10. 倒入一个浅一点的碗中，盖上保鲜膜(保鲜膜一定要盖紧)。

11. 蒸锅中放入适量水，烧开。水开后，把鸡蛋放入蒸锅中，中火蒸15分钟。

12. 虾仁用适量料酒、生抽、蚝油腌制一会儿（利用蒸鸡蛋的时间腌制刚刚好）。

13. 鸡蛋蒸好后，去掉保鲜膜。

14. 把腌制好的虾仁用厨房纸巾擦干，如图摆好。

15. 再盖上一层蒜蓉酱。

16. 把蒜蓉虾蒸蛋放入蒸锅中，水开后蒸5分钟。

17. 开盖，撒上葱花即可。

无糖版茄汁大虾

(2人份)

原料

番茄两个　　大蒜3瓣

鲜虾12只　　油、盐、生抽、蚝油、

红辣椒半个　　黑胡椒粉各适量

绿辣椒半个

做法

1. 番茄洗干净，用刀将番茄划十字口。

2. 锅中烧热水，将番茄煮两分钟捞出去皮，切成小粒。

3. 鲜虾去壳去虾线去头，清洗干净。

4. 锅中放适量油和盐烧热，调中小火，将切好的番茄粒放入锅中，煮至软烂，放些许生抽调味，搅拌均匀，盛入碗中。

5. 大蒜切片，红、绿辣椒切小粒，虾仁备用。

6. 锅中放适量油和盐烧热，放入大蒜片、红、绿辣椒炒一下，再放入虾仁翻炒。

7. 放适量料酒、蚝油调味，撒一点点黑胡椒粉，翻炒。

8. 放一半之前炒好的番茄酱翻炒均匀（喜欢番茄浓一点的都可以倒进去），好吃开胃的茄汁大虾就做好啦。

原料和做法示意

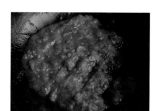

虾饺丝瓜菌汤

【 2人份 】

原 料

虾仁10只　　姜末、蚝油、生抽、
小香菇135克　生粉、葱末、油、
丝瓜1条　　　盐各适量
鸡蛋3个

原料和做法示意

做法

1. 虾仁去虾线清洗干净剁成泥，用姜末和些许蚝油、生抽、生粉搅拌均匀备用。小香菇洗净去蒂，丝瓜去皮切块，鸡蛋液放一点点盐打散搅匀。

2. 准备煎蛋饺，用小煎锅，刷一层薄薄的油，放适量蛋液，全程小火，把虾泥放入蛋皮的三分之一处，合上蛋皮，煎好全部的虾饺备用。

3. 锅中放适量油和盐，烧热，转中小火，把丝瓜块和姜丝放入锅中翻炒至软。

4. 放入小香菇翻炒几分钟，丝瓜和香菇里的汤汁会慢慢出来。

5. 放入虾饺。想要汤汁多一些，这个时候可以放一点点水，继续小火煮七八分钟，尝一下味道，淡了可以加一点点盐，不需要放其他任何佐料，味道就已经非常鲜美了。

虾仁酿豆腐煲

(2人份)

原 料

虾仁 12 只　　生抽 5 克
姜 5 克　　　生粉 4 克
水豆腐 1 块　　葱花、胡椒粉、
红辣椒 1 个　　盐各适量
蚝油 5 克

做 法

1. 虾仁去虾线清洗干净，剁成泥，用姜末和适量蚝油、生抽、生粉搅拌均匀备用。

2. 豆腐切正方形块，中间挖一个洞，把虾泥塞进去，红辣椒切末。

3. 锅中放适量油烧热，先把虾泥的那面朝下煎至微黄，再依次把其他几面煎至微黄放入砂锅中。（还有剩下的虾泥，可以搓圆一起煎至两面微黄，放土锅中焖煮，也特别好吃。）

4. 砂锅中放入生抽、蚝油，倒入开水没过豆腐，放适量盐，撒些许胡椒粉，中小火煲 4 分钟。

5. 另取一个碗，放生粉兑一点温水，倒入砂锅中。

6. 继续小火焖煮至汤汁浓稠，中间用勺子搅拌一下以免煳底。

7. 撒入红辣椒末和葱花，搅拌均匀即可装盘。

原料和做法示意

虾仁藕饼

(2人份)

原 料

虾仁15只   葱、辣椒面、姜末、
藕半截   白胡椒粉、蚝油、盐、
鸡蛋1个   油、蒸鱼豉油各适量

做 法

1. 虾仁去虾线，清洗沥干备用。

2. 藕去皮切薄片，葱叶切小段，葱白切末。

3. 虾仁剁成泥，加入适量姜末、白胡椒粉、蚝油、葱白末、盐和半个蛋清（蛋黄和另外半个蛋清备用），顺时针搅拌均匀，腌制20分钟。

4. 把腌制好的虾泥放在藕片上，再盖上一片藕，全部做好备用。

5. 在蛋黄和半个蛋清里面放些许生粉、盐，搅拌均匀。

6. 锅中放入适量油(油可多一点)大火烧热转小火，把做好的藕饼两面都均匀沾上蛋液，放入锅中。

7. 每一面都撒上一层薄薄的盐、辣椒面，煎至两面微黄。

8. 两面都撒上葱花。

9. 出锅前，用些许蒸鱼豉油调味即可。

虾仁藕丸煲

2 人份

原 料

虾仁 13 只	玉米淀粉 6 克
新鲜红辣椒 1 个	蚝油 8 克
藕一小段	老抽、盐、油、
姜末 7 克	生抽、葱各适量
葱白 9 克	

做 法

1. 虾仁去虾线，清洗干净放入料理机打成泥。

2. 藕去皮洗干净，切厚片，放入料理机打成末。

3. 虾泥、藕末放在一个碗中，放姜末、葱白、玉米淀粉、蚝油、老抽、盐按顺时针搅拌均匀。

4. 葱切小段，红辣椒切末备用。

5. 锅中放适量油烧热，调小火，把虾泥挤成丸子均匀放入锅中，煎至微黄。

6. 煎好的虾丸放入砂锅中，另取一个碗，放 3 克玉米淀粉兑 150 克水倒入砂锅中，用生抽、蚝油、老抽上色调味，小火焖煮。时不时用勺子搅拌一下，以防糊底。

7. 待汤汁慢慢浓稠，放入红辣椒末搅拌一下，再撒入葱花搅拌，尝一下咸淡，调一下味即可。

虾仁腰果

(2 人份)

原 料

虾仁 12 只
玉米半个
熟腰果 10 粒
红、绿辣椒各半个
姜、蒜、大蒜叶、
老抽、蚝油各适量

原料和做法示意

做 法

1. 虾仁去虾线洗净后用盐和白胡椒粉腌制 20 分钟，玉米取粒，绿辣椒和姜切丝，红辣椒切丁，蒜切片，大蒜叶切小段备用。

2. 锅中放入油烧热，放入虾仁翻炒至变色熟透，盛出。

3. 炒虾仁的油留用，锅中再放一点点盐，把蒜片、姜丝、绿辣椒丝和红辣椒丁放入锅中爆香，放入玉米粒翻炒。

4. 放入腰果翻炒。

5. 把刚才炒熟的虾仁倒回翻炒，撒入大蒜叶段翻炒，用一点点老抽和蚝油调味即可出锅。

牛肉

黑椒牛肉炒芦笋

(2 人份)

原 料

牛前肩 1 块　　黑胡椒粉 0.5 克
芦笋 5 根　　　生抽 4 克
红辣椒 1 个　　料酒 2 克
大蒜 3 瓣　　　橄榄油 2 克
玉米淀粉 3 克　盐、油、老抽、
蚝油 4 克　　　生抽各适量

做 法

1. 牛肉洗干净用厨房纸巾擦干，按照纹理切薄
   片放入盘中备用。

2. 牛肉片用玉米淀粉、蚝油、黑胡椒粉、生抽、
   料酒、橄榄油拌匀。

3. 按照顺时针搅拌 3 分钟，让牛肉充分吸收腌料，
   腌制 20 分钟以上。

4. 芦笋切菱形段，红辣椒切粒，蒜切片。

5. 锅中放水烧开，放些许盐，把芦笋段煮 2 分
   钟捞出沥干备用。

6. 锅中放适量油，烧热，把牛肉片下锅翻炒至
   变色。放入芦笋段翻炒。

7. 放入辣椒粒和蒜片翻炒均匀，放适量老抽、
   生抽、盐调味，喜欢黑胡椒味的，可以再撒
   一点黑胡椒粉，翻炒一下，即可出锅。

原料和做法示意

牛肉

红葱头孜然牛肉

（2人份）

原 料

牛里脊肉100克　孜然粒、姜末、葱花、
干红辣椒5个　　辣椒粉、老抽、盐、
红葱头4个　　　生粉、油、蚝油各适量

做 法

1. 牛肉按照纹理切薄片，用姜末、些许老抽和
   一点点盐腌制20分钟。

2. 再放适量生粉（生粉量要保证每一片牛肉都
   能均匀沾上）搅拌均匀。

3. 红葱头切块，干红辣椒切小段备用。

4. 锅中放适量油，烧热转中火，放一点点盐，
   把红葱头块放进去爆香，炒至微黄。

5. 把炒好的红葱头块拨到锅的一边，放入腌制
   好的牛肉片。

6. 炒至牛肉变色即可，放入孜然粒翻炒一下（不
   要炒太长时间，这样炒出来的牛肉才嫩）。

7. 放干红辣椒段和些许辣椒粉翻炒，放老抽和
   蚝油上色，尝一下，淡了可再加一点点盐调
   味（不在减脂期的可再放一些糖提鲜）。

8. 放入葱花翻炒几下关火。

小贴士：用洋葱头爆香的葱油去炒牛肉，牛肉也
　　　　变得特别好吃。

红烧牛腩焖腐竹鹌鹑蛋

3 人份

原料

牛腩 220 克　桂皮一小块　大蒜 4 瓣

腐竹 60 克　香叶 2 片　姜、油、盐、料酒、老抽、生抽各适量

鹌鹑蛋 10 个　干红椒 4 个

八角 2 个　新鲜红、绿辣椒各 1 个

做法

1. 腐竹提前浸泡，放冰箱冷藏浸泡一夜即可。
2. 锅中放适量水，把鹌鹑蛋放进去，水烧开煮 4 分钟，捞出放入冷水中，待自然冷却后剥掉蛋壳（这样剥出来的鹌鹑蛋光滑漂亮）。
3. 牛肉切小块，姜切片，蒜对半切开，新鲜红辣椒切粒，绿辣椒切小块，香料、干红椒洗干净备用。
4. 锅中放适量油烧热，转小火，把三种香料放进去炒香。
5. 放姜片翻炒，放适量盐（不要放太多盐，最后调味的时候加就可以）。
6. 把牛肉块下锅，放适量料酒翻炒 5 分钟左右。
7. 再把干红椒放进去，加适量老抽、蚝油上色翻炒一下。
8. 放入剥好的鹌鹑蛋，翻炒 2 分钟，再加 450 克的水煮沸，把锅中食材和水倒入电饭煲中，按煲汤功能焖煮（这样煮出来的牛腩会软烂一些）。
9. 砂锅中垫切好的腐竹，把焖煮好的牛肉连汤倒入锅中。
10. 小火慢慢焖煮，中途放蒜粒继续焖煮。
11. 焖煮到锅中汁水不多，放入新鲜的红、绿辣椒，试一下汤汁，再用些许老抽、蚝油和盐上色调味即可出锅。

原料和做法示意

卤牛肉

(3 人份)

原 料

牛腱子 300 克
新鲜小红椒 2 个
姜片、葱花结、
香叶、草果、八角、

干辣椒、花椒、生抽、
老抽、料酒、盐、蚝油、
蒸鱼豉油、辣椒油、
香菜末各适量

做 法

1. 牛腱子清洗干净，分成两半。

2. 锅中放水烧开，把牛腱子放进去煮 3～4 分钟过一次水去浮沫，捞出。

3. 把姜片、葱花结、香叶、草果、八角、干辣椒、花椒放入一个碗中，放适量生抽、老抽、料酒、盐、蚝油搅拌均匀。

4. 把牛腱子放入锅中，放调好的酱料。

5. 加水淹过牛腱子，盖上锅盖，大火烧开，转小火一直煮至牛肉上色熟了即可（我煮了一个小时，感觉软硬刚刚好），放凉，用保鲜袋装好放冰箱冷藏过夜。

6. 新鲜小红椒切碎。放适量蚝油、生抽、蒸鱼豉油、辣椒油、香菜末搅匀做酱汁。

7. 冷藏好的卤牛肉切片蘸调好的酱汁就可以开吃。

原料和做法示意

牛肉

牛肉番茄菇汤

(2 人份)

原 料

牛肉 220 克

金针菇 140 克

番茄 3 个

葱花 25 克

姜 20 克

生抽、盐各适量

做 法

1. 牛肉洗干净切厚一点的片，姜去皮切片，放入电饭煲中，加 800 克水，加适量盐，按煲汤功能。

2. 锅里面放水煮开，把番茄划十字口，煮至皮裂开，捞出去皮切块。

3. 金针菇去尾部，洗干净备用。

4. 煲好的牛肉汤倒入砂锅中，煮开，放入番茄块中火煮 20 分钟，再放入金针菇继续煮 8 分钟，放些许生抽、盐调味（不在减脂期的可以再放一点糖提鲜）。

5. 撒入葱花，稍稍煮一下，就可以盛出开吃。

小贴士：不用一滴油也可以做出非常好喝的牛肉番茄菇汤，牛肉很软烂，汤非常清爽开胃，特别适合夏天吃。

原料和做法示意

牛肉

牛肉蔬菜红米焖饭

（ 2 人份 ）

原 料

红米 100 克　　牛肉 100 克
香菇 4 个　　　蚝油、生抽、料酒、
胡萝卜 50 克　　孜然粉、辣椒粉、五
土豆 50 克　　　香粉、生粉、盐、油、
西蓝花 50 克　　老抽各适量

做 法

1. 红米洗干净用水浸泡半小时。

2. 牛肉切小块，用适量蚝油、生抽、料酒、
   孜然粉、辣椒粉、五香粉、生粉腌制半
   小时。

3. 香菇洗干净用水浸泡（浸泡的香菇水不
   要倒掉，最后会用到）。

4. 胡萝卜、土豆、香菇切丁，西蓝花切小朵。

5. 锅中放适量油烧热，把牛肉块放进去爆香。

6. 把牛肉块拨到一边，放胡萝卜丁、土豆
   丁、西蓝花朵翻炒，撒适量盐继续翻炒。

7. 放香菇丁翻炒一下，再放适量老抽上色。

8. 红米捞出沥干放入锅中，搅拌均匀。

9. 把浸泡香菇的水倒入锅中搅拌一下（水的
   量和平时我们煮饭的水量差不多就行）。

10. 倒入电饭煲中按煮饭功能即可。

原料和做法示意

牛肉

牛肉香菇焖豆腐

2人份

原 料

牛肉100克　　　红辣椒1个
内酯豆腐340克　姜、油、盐、蚝油、
干香菇12克　　　玉米淀粉、老抽、
葱20克　　　　　葱各适量

做 法

1. 干香菇用温水浸泡1小时，洗干净备用。

2. 牛肉和香菇都切小粒，姜切末一半放香菇上，一半
   放牛肉上，葱切小段，红辣椒切小粒备用。

3. 内酯豆腐切小块。

4. 锅中放适量油烧热，放一点点盐，把香菇粒和姜末
   放进去翻炒，把香菇里面的水分炒干，再翻炒2～3
   分钟炒出香味，盛出。

5. 锅中再放适量油烧热，放一点点盐，把牛肉粒和姜
   末放进去翻炒4～5分钟。

6. 继续把炒好的香菇放进去和牛肉一起翻炒均匀，再
   放适量蚝油翻炒，加两碗水，小火慢煮（这样小火
   慢炖的汤汁才浓稠），煮25分钟左右。

7. 把煮好的牛肉香菇汤倒入砂锅中，另取一个碗，放
   4克玉米淀粉，兑半碗水搅拌均匀，放入汤中，继
   续煮10分钟至浓稠，用些许盐、老抽调味。

8. 倒入内酯豆腐继续小火慢炖10分钟，中间用木勺时
   不时翻拌一下，避免糊底。

9. 倒入红辣椒粒继续煮3分钟，再倒入葱花翻拌一下
   即可出锅。

牛肉

圣女果牛肉土豆汤

(3 人份)

原 料

牛肉 150 克

小土豆 4 个

圣女果 300 克

小油菜 100 克

姜、油、料酒、

蚝油、盐各适量

做 法

1. 牛肉切薄片备用。小油菜洗净备用。

2. 土豆削皮切薄片，用清水清洗几次沥干备用。
   圣女果洗干净加 500 克水打成圣女果汁。

3. 姜切片，锅中放适量油，烧热，放入牛肉片
   和姜片翻炒变色，中放些许料酒继续翻炒。

4. 把土豆片放进去继续翻炒三四分钟。

5. 把打好的圣女果汁倒入锅中，盖上盖子小火焖
   煮至土豆片变软，放适量蚝油、盐调一下汤汁
   味道。

6. 把小油菜放进去煮 2 分钟，即可出锅开吃。

原料和做法示意

牛肉

蒜粒牛肉

(2人份)

原 料

牛肉200克　　盐、黑胡椒粉、
洋葱50克　　　蚝油、油、料酒、
蒜1头　　　　孜然粒、辣椒粉、
生菜1棵　　　生粉各适量
蛋清1/3个

原料和做法示意

做 法

1. 牛肉切粒，大蒜剥皮洗干净，洋葱切宽丝，三种材料
   混合好，用一点点盐、黑胡椒粉、蚝油、料酒、孜然粒、
   辣椒粉混合均匀，包保鲜袋里腌制一晚，第二天要炒
   之前取出，用些许生粉和1/3个蛋清再搅拌均匀腌制
   10分钟。

2. 锅中放适量油，把蒜粒取出先爆香，炒至金黄色，捞出。

3. 把牛肉粒取出放锅中爆香，放入洋葱丝和大蒜翻炒一
   下，再撒些黑胡椒粉，放一点点老抽上色即可。

4. 生菜叶洗净包牛肉粒吃更美味。

牛肉

蒜薹牛肉

（2 人份）

原 料

牛肉 150 克　　　蚝油 7 克
蒜薹 100 克　　　油 4 克
姜丝 10 克　　　玉米淀粉 4 克
新鲜红辣椒 1 个　　盐适量
老抽 2 克

做 法

1. 牛肉洗干净用厨房纸巾擦干，按纹理切片再切丝，与姜丝一起搅拌均匀腌制 20 分钟（这一步主要是去腥），腌制好后把姜丝去除。

2. 牛肉丝中加入老抽、蚝油、油按一个方向搅拌均匀腌制 10 分钟。

3. 再放玉米淀粉搅拌均匀备用。

4. 蒜薹切小段，红辣椒切小粒。

5. 锅中先不放油用大火烧热，加入适量油，转中小火（这也是热锅冷油，这样炒出来的菜就不会粘锅），把腌制好的牛肉丝放进去，炒 4 分钟左右变色即可捞出。

6. 利用锅中的余油，开中火，把蒜薹段放进去，放一点点盐（这个盐量仅仅是炒蒜薹用的，牛肉因为用老抽、蚝油腌制，咸味已经够了）翻炒至软。

7. 放入辣椒粒，把炒好的牛肉丝放锅中继续翻炒 1 分钟即可出锅。

原料和做法示意

牛肉

香菜牛肉

(2 人份)

原 料

牛肉 150 克
干红椒 4 个
香菜一小把
大蒜 4 瓣

姜、老抽、盐、
蚝油、生粉、
香油、油、盐、
孜然粒各适量

原料和做法示意

做 法

1. 牛肉按照纹理切薄片（一定要按照牛肉纹理
   切，这样炒出来的牛肉才香嫩），放一点点
   老抽和盐，以及些许蚝油、生粉和香油，搅
   拌均匀，腌制 20 分钟。

2. 姜、大蒜切末，干红椒切小段，香菜洗干净
   切成两截（一段是根部，一段是叶子）。

3. 锅中放油（油可多一点点）烧热，放一点点盐，
   把大蒜末、姜末爆香。

4. 腌制好的牛肉片再放一点点生粉搅拌均匀，
   放入油锅中翻炒变色转小火。

5. 放干红椒段翻炒，再用适量老抽和蚝油、孜
   然粒调味翻炒（不在减脂期的可再放点白糖，
   味道更佳）。

6. 继续小火，把香菜根部放入，翻炒，关火。

7. 放入香菜叶翻炒，再放适量生抽调味即可
   装盘。

牛肉

辣炒牛肉丸

2人份

原 料

牛肉丸8个　　　干辣椒3个
八角2个　　　　大蒜4瓣
桂皮一小块　　　姜、油、盐、蚝油、
红、绿辣椒各1个　老抽、胡椒粉各适量

做 法

1. 牛肉丸一面用刀划十字口，绿辣椒切丝，红
   辣椒切丁，干辣椒切段，大蒜和姜切末备用。

2. 锅用小火烧一下，先不放油，把牛肉丸翻炒
   去除表面水分，盛出。

3. 锅中放适量油，烧热，开小火，把牛肉丸、
   八角和桂皮一起放锅中翻炒出香味，炒至牛
   肉丸表面微黄，连同香料盛出。

4. 用锅中的余油继续炒，放一点点盐，转小火，
   放入大蒜和姜末爆香。

5. 放入红、绿辣椒翻炒，再放适量蚝油和一点
   点老抽调味继续翻炒一下。

6. 放入牛肉丸和八角、桂皮翻炒。

7. 放入干辣椒段翻炒，再放些许胡椒粉翻炒即
   可出锅。

原料和做法示意

牙签牛肉

2 人份

原 料

牛肉 200 克　　老抽、姜末、盐、

大蒜 5 瓣　　　生粉、油、盐、孜

干辣椒 5 个　　然粒、老抽、蚝油、

葱、辣椒面、　牙签各适量

做 法

1. 牛肉洗干净按照纹理切大片再切长条。

2. 用些许老抽、姜末、盐腌制 20 分钟，再放些
   许生粉抓匀（生粉的量，一定要保证牛肉都
   能均匀沾上）。

3. 接下来用牙签一一把牛肉条穿好。

4. 大蒜切末，干辣椒切小段，葱切小段备用。

5. 锅中放油（可放多一点）加些许盐，把大蒜
   末和姜末放进去爆香。

6. 放入穿好的牛肉翻炒（注意，千万不要炒时
   间太长，变了颜色即可，大概翻炒七下左右）。

7. 陆续加入辣椒面、干辣椒段、孜然粒，再用
   些许老抽和蚝油调味，继续翻炒七八下关火，
   放入葱段翻炒均匀即可（不在减脂期的，其
   实还可以放一点点糖调味，味道更佳）。

原料和做法示意

牛肉

茄汁土豆牛肉丸浓汤

2 人份

牛肉丸原料

牛肉 480 克
盐 7 克
水 150 克
泡打粉 4 克
蚝油 16 克
黑胡椒粉 2 克

茄汁土豆牛肉丸浓汤原料

牛肉丸 8 个
番茄 1 个
中等土豆 1 个
口蘑 4 个
葱、姜片适量

做 法

1. 牛肉切小块，放入料理机打成泥，多搅打几次，打得越细腻，肉丸越有弹性，也越容易成型。

2. 打好之后，拿出来放入一个大碗中，放入盐、水，用电动打蛋器按顺时针搅拌均匀，等水充分吸收，再分多次加水搅拌均匀，接着放入泡打粉、蚝油继续用打蛋器搅拌，再放入胡椒粉充分搅拌均匀，放入冷冻室快速降温。

3. 土豆去皮切丁，番茄背面切十字口在开水中煮2分钟去皮切丁，口蘑切四瓣，葱切小段，姜切片。

4. 从冰箱取出肉泥，锅中放水，开小火至锅中周边冒泡（不需要煮开，锅周边冒小泡泡即可），挤出牛肉丸，用勺子刮到锅中。

5. 全部挤好，全程小火，不需要烧开水煮，小火煮至丸子浮在水上，再煮2到3分钟。

6. 捞出放入冰水中降温，取一部分牛肉丸做茄汁土豆牛肉丸浓汤，其他的可以真空冷冻随吃随拿。

7. 锅中放适量油烧热，把土豆丁和姜片放入锅中翻炒一下，再继续放入口蘑块翻炒。

8. 然后放入番茄丁翻炒，待汤汁浓稠，将刚才煮过的牛肉丸汤倒入锅中，煮20分钟，放入牛肉丸。

9. 继续煮至土豆软烂，放适量蚝油、盐、黑胡椒粉调味（不在减脂期的，还可以放些许糖提鲜）。

10. 撒入葱花就可以盛出开吃。

原料和做法示意

鸡肉

板栗香菇炖鸡

(2 人份)

原 料

鸡肉 200 克   葱姜蒜末、油、盐、
香菇 7 朵   料酒、生抽、老抽、
板栗 150 克   蚝油各适量
红灯笼椒、绿
螺丝椒各半个

做 法

1. 用刀切掉板栗头部薄薄一层板栗皮，放入锅
   中，倒入水，水开后继续煮 2 到 3 分钟。捞出，
   趁热剥皮（这样板栗皮就非常容易剥掉，而
   且都是完整的一颗），剥好的板栗洗干净备用。

2. 鸡肉切块，过热水捞出。

3. 香菇提前浸泡好备用。红、绿辣椒洗净切段。

4. 锅中放入适量油和盐，放入葱姜蒜末爆香。

5. 倒入鸡块，放适量料酒，翻炒。

6. 一个香菇均匀切四小块（这样香菇煮的时候
   就更加入味），放入锅中搅拌均匀。

7. 放入生抽、老抽、蚝油翻炒，让鸡块均匀上色。
   倒入水，没过鸡块，煮 10 分钟。

8. 倒入剥好的板栗继续煮 1 小时，想要板栗入
   口即化，可以多放些水继续煮。收汁时放入红、
   绿辣椒段翻炒均匀，好吃的板栗香菇炖鸡就
   可以出锅了。

原料和做法示意

鸡肉

红葱头蒸鸡胸肉

2 人份

原料

鸡胸肉 1 块　　　　大蒜 5 瓣

红葱头 4 个（没有红　朝天椒 3 个

葱头可用洋葱替换）　葱、黑胡椒粉、蚝油、

胡萝卜 1 根　　　　蒸鱼豉油、生粉、盐各适量

做法

1. 鸡胸肉用刀斜切，再切小块。用黑胡椒粉、蚝油、蒸鱼豉油、
    生粉搅拌均匀，装保鲜袋放冰箱冷藏过夜。

2. 胡萝卜切薄片，大蒜切末，红葱头切弧状块，朝天椒、
    葱切小段备用。

3. 胡萝卜片用蚝油和一点点盐抓均匀，放入盘中，蒸锅水
    煮开后放入蒸笼中蒸 10 分钟关火（也可以用香菇垫底）。

4. 锅中放适量油烧热转小火，放一点点盐，把大蒜末放入
    锅中爆香。

5. 再放入红葱头块炒至金黄色，放些许蒸鱼豉油炒匀关火。

6. 把腌制好的鸡胸肉块放在胡萝卜片上面，在最顶层放上
    炒好的红葱头块。

7. 蒸锅水烧开，把鸡胸肉整盘放入蒸笼中，盖上锅盖，大
    火蒸 5 分钟，开锅盖在上面放上朝天椒，盖上盖子继续
    蒸半分钟，关火，闷 5 分钟。

8. 开盖，撒上葱花，喜欢吃辣的可以再放一个切碎的朝天
    椒搅拌，就可以开吃。

鸡胸肉版黄焖鸡

2 人份

原 料

鸡胸肉 1 块
绿辣椒 1 个
干香菇 4 到 5 个
干红辣椒 4 个

姜、大蒜叶、生粉、盐、
蚝油、料酒、老抽、
白胡椒粉各适量

原料和做法示意

做 法

1. 鸡胸肉切小块，用生粉、盐、蚝油搅拌均匀
   腌制 20 分钟。姜切片，干红辣椒切小段，干
   香菇用水浸泡好切片（泡香菇的水留用），
   绿辣椒切长条，大蒜叶切小段备用。

2. 锅中放适量油烧热，放入腌制好的鸡胸肉块
   翻炒，再放姜片和干红辣椒段翻炒，放些许
   料酒、老抽、白胡椒粉，继续翻炒。

3. 把香菇片放入锅中继续翻炒，再倒入浸泡的
   香菇水。

4. 炒好的香菇鸡肉倒入砂锅中，开小火盖上盖
   子焖煮 20 分钟左右。

5. 煮至锅中还有一点点汤汁，放入绿辣椒条翻
   拌，最后放入大蒜叶子段，试一下味道，用
   些许蚝油和盐调味即可。

鸡肉

鸡胸肉酿辣椒

(2 人份)

原 料

鸡胸肉 1 块
绿辣椒 3 个
姜末、葱花、生
粉、蚝油、老抽、
盐、黑胡椒粉、
菜籽油各适量

做 法

1. 鸡胸肉剁成泥，放葱花和适量生粉、姜
   末、蚝油、老抽、盐、黑胡椒粉。

2. 按逆时针搅拌均匀，盖上保鲜膜腌制
   20 分钟。

3. 绿辣椒对半切开，去瓤，填满肉馅。尽
   量压紧肉泥，依次放好。

4. 锅中放适量菜籽油烧热，放入辣椒，有
   肉的一面朝下。

5. 煎至金黄色后翻面。

6. 用些许生粉、老抽和少许清水调匀，倒
   入锅中。

7. 中火烧开，辣椒翻面煮一下，待汤汁浓
   稠关火，把鸡胸肉酿辣椒夹出，汤汁淋
   在上面即可。

原料和做法示意

鸡肉

鸡胸肉丸子

2 人份

原 料

鸡胸肉 1 块　　　姜、葱、生抽、蚝油、
胡萝卜一小段　　盐、料酒、黑胡椒粉、
鸡蛋 1 个　　　　老抽各适量

做 法

1. 鸡胸肉洗干净，剁成肉泥。

2. 胡萝卜削皮切末，姜切末，葱切小段放入鸡胸肉泥中，打入鸡蛋，放适量生抽、蚝油、盐、料酒、黑胡椒粉、老抽。

3. 按逆时针搅拌均匀。

4. 锅中放水烧开，转中火，取一个勺子，挖一勺鸡胸肉泥整圆放入水中，勺子不要沾到锅中热水。

5. 煮至鸡胸肉丸子浮起，再煮4～5分钟，捞出冷却，分袋冷冻，要吃时随时解冻，蒸、煮、红烧都可以。

原料和做法示意

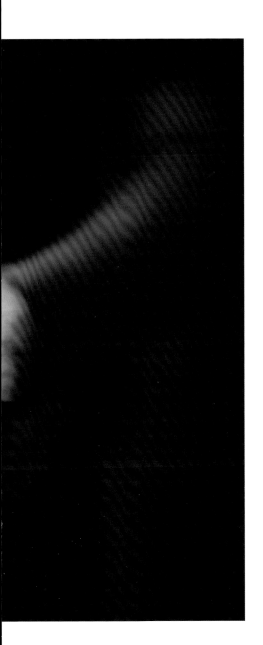

鸡肉

椒盐蒜蓉烤鸡

2人份

做 法

1. 半只鸡洗干净切大块，蒜切末，全部放入鸡块中，放适量黑胡椒粉、蚝油、盐、油搅拌均匀。

2. 喜欢甜味的可以把步骤1分出来一半，苹果切小块放在里面，搅拌均匀，然后用保鲜袋密封好腌制一晚，另一半也密封腌制。

3. 把腌制好的鸡块处理干净，均匀沾上一层蛋清放在烤盘上（烤盘要铺好锡纸）。

4. 把鸡块均匀放好，放入烤箱。

5. 200℃烤30分钟,鸡块均匀上色,鸡皮烤得焦焦的即可。

原料和做法示意

鸡肉

凉拌鸡丝

（2人份）

原 料

鸡胸肉 1 块　　葱结、姜片、姜末、
胡萝卜 50 克　　蒜末、葱花、五香粉、
木耳 50 克　　　辣椒粉、酱油、蚝油、
黄瓜 50 克　　　油、盐各适量

做 法

1. 锅中放水，放洗干净的葱结、姜片、整块鸡胸肉，煮 25 分钟左右，鸡胸肉熟了即可，捞出放凉。

2. 胡萝卜、木耳、黄瓜切丝备用。

3. 煮熟的鸡胸肉撕成丝。

4. 锅中放适量水和盐，烧开，把胡萝卜丝、木耳丝、黄瓜丝过热水捞出。

5. 胡萝卜丝、木耳丝、黄瓜丝过滤掉水分均匀地放在鸡胸肉丝上。

6. 葱花、蒜末、姜末放在最上面。

7. 再放适量五香粉、辣椒粉、盐和酱油。

8. 烧热油均匀淋在表层。

9. 放适量蚝油搅拌均匀即可。

原料和做法示意

鸡肉

清炒鸡丝

2 人份

原 料

鸡胸肉 1 块　　姜末、盐、蚝油、
小蘑菇 50 克　　生粉、油、老抽、
胡萝卜 50 克　　葱花各适量
绿辣椒 1 个

做 法

1. 鸡胸肉切丝，用一点点盐、蚝油、生粉和些许姜末腌制 20 分钟。

2. 绿辣椒、胡萝卜切丝，小蘑菇洗干净备用。

3. 锅中放适量油烧热，把腌制好的鸡丝放入锅中翻炒。

4. 把鸡丝拨到锅的一侧，放入胡萝卜丝、绿辣椒丝和小蘑菇，撒些许盐翻炒，再把鸡丝一起搅拌炒一下，放适量老抽上色。

5. 撒葱花小火翻炒一下即可。

原料和做法示意

鸡肉

什锦鸡肉蛋卷

(2 人份)

原 料

鸡胸肉 1 块	木耳 5 朵
鸡蛋 2 个	大蒜叶、葱白碎、
胡萝卜半个去皮	姜末、白胡椒粉、
莴笋半根去皮	蚝油、盐、老抽、
辣椒 1 个	生抽、生粉各适量

做 法

1. 鸡胸肉剁成泥，用姜末、葱白碎、白胡椒粉
   和些许蚝油、盐、老抽、生粉顺时针搅拌均匀，
   让鸡肉泥上劲，腌制 20 分钟备用。

2. 鸡蛋液用一点点盐搅拌均匀。锅中放适量油，
   把鸡蛋液均匀铺好，小火待鸡蛋液成形关火，
   均匀铺上已经腌制好的鸡肉泥，卷好。

3. 把鸡肉蛋卷放入盘中，蒸笼放水烧开，把鸡
   蛋卷放入，盖上盖子蒸 14 分钟。

4. 胡萝卜、莴笋切片，木耳切小块，辣椒切丝，
   大蒜叶切小段备用。

5. 蒸好的蛋卷取出均匀切小块放在碗底部。锅
   中放适量油和盐，先把胡萝卜片放入翻炒 2
   分钟，再放莴笋片翻炒 2 分钟，把木耳块放
   入翻炒 1 分钟，放入辣椒丝翻炒一下。

6. 放入蚝油、生抽、盐、白胡椒粉调味，再倒
   入一点点水翻炒，锅里还有汤汁的时候，放
   入大蒜叶段翻炒，关火。

原料和做法示意

圣女果焖口蘑鸡腿

2 人份

原料

小鸡腿 7 个	口蘑 7 个	生抽、蚝油、黑胡椒粉、干红椒末、姜丝、油、盐各适量
圣女果 17 个	蒜 6 瓣	
洋葱半个	新鲜红、绿辣椒各 1 个	

做法

1. 圣女果去蒂清洗干净，锅中水煮沸，把圣女果煮 1 分钟左右，圣女果皮开裂即可，捞出去皮。

2. 用刀在鸡腿上下都切一道口子（为了让它更入味），放生抽（可多些，因为鸡腿里面不再放盐了）和适量蚝油、黑胡椒粉、干红椒末、姜丝搅拌均匀，腌制 30 分钟以上。

3. 洋葱切末，蒜对半切开，新鲜红辣椒切小段，绿辣椒切块，口蘑切四瓣，圣女果对半切备用。

4. 锅中放适量油（可放多一些）烧热，把腌制好的鸡腿清理干净，放入锅中煎至两面微黄捞出。

5. 锅中油继续小火烧热，放入洋葱末和蒜爆香。把口蘑块放入翻炒，炒至明显看见口蘑体积变小时放适量黑胡椒粉 和一点点盐调味。

6. 放入圣女果翻炒（炒至圣女果出很多的汤汁），再放些许蚝油调味。

7. 再把刚才煎好的鸡腿和刚才腌制鸡腿的干辣椒和姜丝放进去搅拌均匀，盖上盖子，小火焖煮 25 分钟左右（在焖煮的时候随时翻炒一下锅底，以免煳底）。这个时候几乎看不到圣女果啦，已经完全化成汁了。

8. 再放入红、绿辣椒翻炒一下就可以关火了，看鸡腿的色泽，真的非常诱人。

原料和做法示意

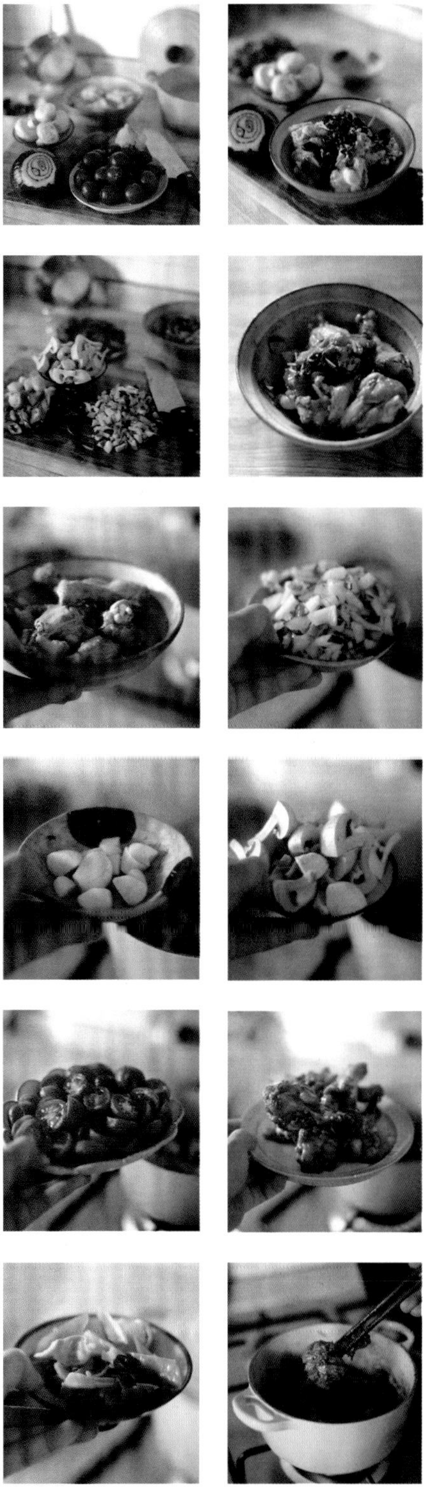

鸡肉

松茸炒鸡丝

2 人份

原 料

中等松茸 1 个   葱花、黑胡椒粉、
鸡胸肉半块   生粉、油、蚝油、
胡萝卜 50 克   老抽各适量

原料和做法示意

做法

1. 松茸清洗干净，切丝，胡萝卜切丝备用。

2. 鸡胸肉切丝，用适量盐、黑胡椒粉、生粉腌制20分钟。

3. 锅中放适量油烧热，放鸡丝翻炒。

4. 鸡丝拨到一边，放松茸丝、胡萝卜丝，撒一层薄薄的盐翻炒均匀。

5. 把锅中食材翻炒均匀，放适量蚝油、老抽上色，再撒葱花翻炒一下即可。

鸡肉

香菇鸡腿焖毛豆

（ 2 人份 ）

原 料

鸡腿 5 个 桂皮一小块
毛豆 150 克 香叶 2 片
干香菇 15 朵 干红辣椒 6 个
姜 15 克 油、盐、老抽、生
八角 2 个 抽、蚝油各适量

做 法

1. 毛豆去壳，清洗干净备用。

2. 干香菇浸泡 1 小时。

3. 锅中放适量油，烧热，开小火，把八角、桂皮、香叶爆香盛出。

4. 锅中放适量盐，把鸡腿放进去煎至两面微黄。

5. 把毛豆粒、姜片、干红辣椒、八角、桂皮、香叶一起倒入鸡腿中翻炒 4 分钟左右。

6. 香菇滤干水，倒入锅中翻炒。

7. 倒入大碗水，放适量老抽、生抽、蚝油（不在减脂期的可以再放些许冰糖，味道更佳）盖上锅盖焖煮，煮至汤汁浓稠，试一下味道，淡了可再加一点点盐调味，即可盛出开吃。

原料和做法示意

鸡肉

香辣豉油鸡腿

[2 人份]

原 料

鸡大腿两个　　新鲜红辣椒 1 个
姜 17 克　　　　蒸鱼豉油 60 克
葱 13 克　　　　生抽 30 克
干红辣椒 5 个　盐适量
蒜 5 瓣

做 法

1. 姜一半切末，一半切丝；葱切小段；蒜 2 瓣切末，3 瓣拍开。

2. 用刀把鸡腿正反两面划两道口子（为了更加入味）。

3. 把鸡腿和干红辣椒放入锅中，用蒸鱼豉油、生抽兑 350 克水，放一点点盐（不在减脂期的可以再放一些糖提鲜）搅拌均匀倒在锅中，烧开转小火煮 10 分钟，期间时不时把鸡腿翻一下面。

4. 煮 10 分钟时打开盖子，把姜丝和拍开的蒜倒入锅中，继续焖煮 20 分钟。

5. 关火继续放锅中闷 1 小时等它自然凉却，捞出。把鸡腿切块备用。

6. 新鲜红辣椒切末，锅中放油烧热，把姜末、蒜末、辣椒末一起倒入锅中翻炒，放一点点盐，再淋一些刚才煮鸡腿的汤汁搅拌均匀关火，最后撒葱段。

鱼肉

番茄龙利鱼汤

原 料

龙利鱼1块100克　　葱花、黑胡椒粉、
番茄1个　　　　　　姜丝、油、盐、淀粉、
蛋清1/3个　　　　　生抽各适量

1人份

原料和做法示意

做 法

1. 龙利鱼切块，用盐、黑胡椒粉、姜丝和不到1/3个蛋清（不用太多，主要是让龙利鱼更嫩）腌制20分钟。

2. 番茄切小丁备用。

3. 锅中放适量油和盐，放番茄丁中火炒至番茄出汁，继续炒至番茄软烂。

4. 用些许淀粉，兑多点水，倒入锅中，煮沸以后放腌制好的龙利鱼块继续中火煮一下，再用盐和生抽调味。

5. 放葱花搅拌一下即可。

芹菜炒龙利鱼

(1人份)

原 料

龙利鱼1块
芹菜50克
盐、黑胡椒粉、生粉、
油、辣椒面各适量

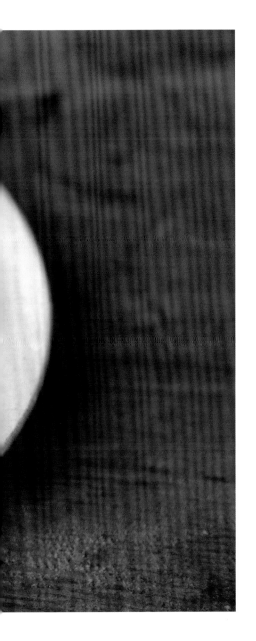

原料和做法示意

做 法

1. 龙利鱼切小块，用盐、黑胡椒粉、生粉腌制 20 分钟。

2. 芹菜切小段。

3. 锅中放入油（煎鱼用，油尽量多一点），开大火 1 分 10 秒转小火 20 秒之后，放腌制好的龙利鱼块（小心油，不要溅到手），中小火煎至微黄，再翻另外一面煎至微黄。

4. 把龙利鱼块按到一边，放芹菜段，撒一点点盐翻炒一下。

5. 芹菜段和龙利鱼块搅拌均匀，撒一点点辣椒面出锅即可。

鱼肉

清蒸香辣龙利鱼

（ 1人份 ）

原 料

龙利鱼1块

蒜3瓣

葱、姜丝、盐、生粉、

孜然粉、白胡椒粉、

五香粉、辣椒面、

生抽、油各适量

做 法

1 龙利鱼切薄一点的片，用姜丝、些许盐、生
粉腌制半小时。蒸锅中放入水，烧开，把龙
利鱼片放入蒸笼中，盖上盖子蒸7～8分钟（根
据龙利鱼的分量增减时间）。

2 葱切小段，蒜切末。

3. 取出蒸好的龙利鱼片，撒上些许孜然粉、白
胡椒粉、五香粉、辣椒面，再均匀地撒一层
薄薄的盐，放一点点生抽。

4. 把葱段和蒜末放上面，烧一些热油均匀淋在
佐料上即可。

原料和做法示意

蒜香龙利鱼炒芦笋

2人份

原料

龙利鱼1块　蒜1头
芦笋6根　　盐、醋、生粉、蚝油、
红辣椒1个　黑胡椒粉各适量

原料和做法示意

做法

1. 龙利鱼清洗干净切成小块。

2. 蒜切末或者压成泥放入龙利鱼块中，继续放入适量盐（不要太多，一点点就可以了）、生粉（生粉的量要保证每一块龙利鱼都能均匀沾上）、适量蚝油、黑胡椒粉。

3. 把放好的佐料抓均匀，让龙利鱼块充分吸收，放入保鲜袋腌制一晚。

4. 芦笋切段，红辣椒切丁备用。把腌制好的龙利鱼块中的蒜末处理干净（注意：不是用水冲洗，是用手把它处理干净，还剩一点点处理不掉没关系，因为油锅是热油，蒜放进去很容易烧焦），再放一点生粉，抓均匀，锅中放油烧热后关火，让油稍稍凉一会儿，放入龙利鱼块，开中火，煎至两面微黄就可以捞出。

5. 洗锅，重新放油烧热，放适量盐，把芦笋段和红辣椒丁倒入锅中翻炒，放入适量蚝油调味。

6. 再把煎好的龙利鱼块倒入锅中稍稍翻炒一下，放适量醋翻炒即可出锅。

鱼肉

香煎龙利鱼

(1 人份)

原 料

龙利鱼 1 条 240 克　蛋清半个
洋葱 110 克　　　　油、孜然粉、孜然粒、
干辣椒 10 克　　　 五香粉、蚝油、盐、
蒜 1 头　　　　　　葱花各适量

做 法

1. 龙利鱼洗干净用厨房纸巾吸干水分切条，洋葱切细条，蒜剥皮对半切开。

2. 锅中放一点点油，放入干辣椒小火不停翻炒，炒香关火，用料理机打成末（觉得麻烦的可以直接用辣椒面代替）。取一个深碗，放入龙利鱼条、洋葱条、蒜块、蛋清、适量辣椒面、孜然粉、孜然粒、一点点五香粉、些许蚝油和盐（不在减脂期的，可以再放一点点糖增鲜）。

3. 烧一点点热油，淋在佐料上，搅拌均匀腌制 5 小时以上。

4. 锅烧热（用不粘锅）刷一层薄薄的油，把龙利鱼煎至两面微黄，撒葱花点缀，即可开吃（葱花主要是装饰用，也可不用）。

鳕鱼豆腐

2 人份

原 料

鳕鱼 100 克　　蒜 3 瓣
老豆腐 100 克　葱、姜、香菜、
红辣椒半个　　盐、生粉、料酒、
绿辣椒半个　　油、生抽各适量

原料和做法示意

做 法

1. 鳕鱼洗干净切大块，用适量盐、生粉、料酒腌制 20 分钟。

2. 红、绿辣椒切小粒，姜切片，蒜切丝，葱和香菜切段备用。

3. 老豆腐切块，放热水里过一遍再放冷水里过一遍（这一步非常关键，这样豆腐煮出来才嫩）。

4. 鳕鱼块用厨房纸巾吸干水分（防止溅油），锅中放适量油，一定要烧热，转小火小心地放入鳕鱼块(切记不用翻动，鳕鱼肉很嫩，很容易翻碎），直接把辣椒粒、姜丝、蒜片撒在表层。

5. 放适量水，用盐和生抽调味，水开后继续煮 4 分钟左右，放入豆腐块继续小火煮 5 分钟左右。

6. 放入葱段、香菜段搅拌均匀即可。

豆腐

鱼豆腐和麻辣鱼豆腐

2 人份

原　料	麻辣鱼豆腐原料
龙利鱼 200 克	鱼豆腐 100 克
木薯粉 10 克	干红辣椒 3 个
料酒 7 克	蒜 4 瓣
胡椒粉、盐、生抽、	葱、花椒、姜、
油、蚝油各适量	老抽各适量

鱼豆腐做法

1. 龙利鱼去掉表皮的白筋，洗干净，用厨房纸巾吸干水分，切小块，用适量胡椒粉、盐、生抽搅拌均匀。

2. 放入料理机打成泥，多打几次，打细腻些。

3. 打好的鱼泥放入碗中，加入适量木薯粉、生抽、蚝油按照顺时针搅拌均匀，充分吸收。

4. 拿一个烤碗，碗周边抹一层薄薄的油（主要为了之后好脱模），把做好的鱼泥放入烤碗中，用勺子压平整。

5. 放入烤箱160℃烤25分钟，拿出来稍稍冷却脱模。

6. 切成正方形。

麻辣鱼豆腐做法

7. 葱切小段，干红辣椒切小段，蒜切末，姜切末，备用。

8. 锅中放适量油，烧热，放入鱼豆腐煎至两面焦黄，把鱼豆腐盛出。

9. 用锅中油，放一点点盐，把花椒放进去，炒香。

10. 继续放入蒜末、姜末爆香，放适量老抽和蚝油调味。

11. 再放入之前煎好的鱼豆腐翻炒均匀。

12. 把干红辣椒段放进去翻炒。

13. 放入葱段翻炒几下关火，盛出即可开吃。

小贴士：龙利鱼可以改成其他鱼，只需要把鱼刺清理干净即可。

河虾豆腐

(1 人份)

原 料

老豆腐 1 块　　　葱花、油、盐、
新鲜小河虾 50 克　生抽、白胡椒粉
鸡蛋 1 个　　　　各适量
胡萝卜小半根

做 法

1. 胡萝卜削皮切丁, 老豆腐切丁备用(尽量切小一点的丁, 这样会更入味)。

2. 老豆腐丁放热水里过一遍水再放冷水里过一遍水。

3. 胡萝卜丁放热水中煮 1～2 分钟捞出备用。

4. 锅中放适量油和盐, 放新鲜小河虾爆香, 翻炒一下, 出红油即可。

5. 放适量水煮开, 用盐和生抽调味, 放入老豆腐丁和胡萝卜丁。

6. 打入鸡蛋, 撒入葱花, 放适量白胡椒粉煮一下即可。

原料和做法示意

鸡胸肉茄汁豆腐

（ 2 人份 ）

原 料

老豆腐 1 块　　葱花、姜末、生粉、盐、
番茄 1 个　　　白胡椒粉、油、黑胡椒粉、
鸡胸肉 50 克　 老抽各适量
蒜 3 瓣

做 法

1. 老豆腐切片，鸡胸肉剁成泥用姜末、生粉、
些许盐和白胡椒粉腌制 20 分钟。

2. 番茄背部划一道十字口用开水煮几分钟去皮，
切丁备用。蒜切末。

3. 锅中放油烧热，放适量盐，把老豆腐片均匀
地放入锅中。

4. 煎至老豆腐片两面微黄，捞出，锅中的油不
用倒掉，等下继续可以用。

5. 把蒜末爆香，放入鸡肉泥炒至微黄，把番茄
丁放入翻炒，炒至浓稠，放黑胡椒粉和一点
点老抽翻炒一下，再放适量水没过番茄，煮沸，
尝一下汤汁调一下味道。

6. 把煎好的老豆腐片放进去，煮至汤汁浓稠，
撒上葱花。

7. 翻炒均匀即可盛出。

原料和做法示意

豆腐

烤五香豆腐

(2 人份)

原　料

老豆腐1块
葱花、辣椒面、五香粉、
孜然粉、黑胡椒粉、盐、油、
老抽、香油、蒸鱼豉油、
生抽各适量

原料和做法示意

做　法

1. 老豆腐切成长方形的薄块。

2. 把豆腐放入碗中，加入盐、油、老抽、香油、蒸鱼豉油、生抽腌制30分钟，入味。

3. 老豆腐块两面都撒一层五香粉、孜然粉、黑胡椒粉、辣椒面，然后用适量油、老抽、香油、蒸鱼豉油、生抽混合均匀，老豆腐块两面都刷一层调制好的油汁。

4. 放烤箱150℃烤30分钟。

5. 撒葱花继续烤5分钟，即可盛出开吃。

菠菜虾仁蒸鸡蛋

(1人份)

原 料

菠菜50克　　料酒、盐、香油、
虾仁6只　　　蒸鱼豉油、生抽
鸡蛋1个　　　各适量

原料和做法示意

做 法

1. 菠菜清洗干净，放入热水煮3～4分钟捞出，切成末拧干水分放入蒸碗底。

2. 鸡蛋液放适量盐用筷子搅拌均匀。

3. 加120克水稀释，搅拌均匀后用勺子撇去表层的泡沫。

4. 鸡蛋液倒入蒸碗中，盖上盖子（如没有盖子可以包一层保鲜膜或者盖一个大碗在上面，一定要盖，要不蒸出来的鸡蛋就会凹凸不平）。

5. 虾仁洗干净用料酒和盐腌制一下。

6. 适量香油、蒸鱼豉油、生抽混合均匀备用。

7. 蒸锅水烧开后中火蒸15分钟，虾仁沥干放在鸡蛋上面再蒸5分钟，关火闷5分钟拿出。

8. 倒入调好的酱汁就可以开吃。

五香鹌鹑蛋

2 人份

原 料

鹌鹑蛋 14 个　　干辣椒 7 个
花椒 3 克　　　香叶 2 片
八角 2 个　　　老抽、盐、
桂皮 1 小块　　蚝油各适量

做 法

1. 锅中放适量水，把所有材料放进去，放适量
   老抽、盐、蚝油（不在减脂期的可以放点冰糖，
   味道更佳），再放入鹌鹑蛋煮 10 分钟。

2. 把鹌鹑蛋捞出，用铁勺把鹌鹑蛋的皮敲碎。

3. 继续放入锅中盖上盖子煮 10 分钟，关火放凉。

4. 连汤汁一起放冰箱冷藏一晚，第二天即可
   开吃。

猪肉

脆黄瓜皮炒猪里脊

(1人份)

原 料

猪里脊肉 50 克　　　　蚝油、生粉、
黄瓜 3 根　　　　　　盐、油、老抽、
蒜 3 瓣　　　　　　　香菜各适量
新鲜红、绿辣椒各 1 个

脆黄瓜皮做法

1. 黄瓜用食用碱浸泡洗干净，对半切开去瓤。

2. 切 1 厘米左右厚的片。

3. 放太阳底下晒（我晒了一天半），当天晒好，夏天最好装保鲜袋密封放冰箱冷藏，第二天继续晒半天。

4. 晒到图示状态，脆黄瓜皮就制作完成了（这种脆黄瓜还可以跟腌制辣椒一起拌着吃）。

脆黄瓜皮炒猪里脊做法

5. 猪里脊肉切薄片，蒜切片，红、绿辣椒切小段备用。

6. 猪里脊片用适量蚝油、生粉和一点点盐搅拌均匀备用。

7. 锅中放适量油烧热，把腌制好的猪里脊片下锅翻炒变色。

8. 放入脆黄瓜和蒜片翻炒 2 分钟。

9. 再放红、绿辣椒段翻炒，放老抽调色，再放蚝油和盐调味。

10. 香菜切段，最后放入再翻炒几下即可出锅。

猪肉

大蒜叶爆炒猪肝

原　料

猪肝 1 块　　油、盐、五
干红辣椒 3 个　香粉、蚝油、
大蒜叶、姜、　老抽各适量

2 人份

原料和做法示意

做 法

1. 猪肝切片，大蒜叶切小段，姜切丝，干红辣椒切碎备用。

2. 锅中放适量油和盐，烧热，放入猪肝片和姜丝爆香，再撒一层五香粉翻炒均匀。

3. 放干红辣椒碎、蚝油、老抽翻炒，让猪肝片均匀上色。

4. 放大蒜叶段大火翻炒均匀即可。

猪肉

猪里脊炒酸刀豆土豆片

(2 人份)

酸刀豆原料

刀豆 500 克	姜 85 克
红、绿辣椒 240 克（红	盐 20 克
绿辣椒的比例是 1：1）	白醋 21 克（不在减脂
朝天椒 40 克	期的还可放糖 24 克）
蒜 3 瓣	

猪里脊炒酸刀豆土豆片原料

猪里脊肉 50 克

土豆 170 克

红辣椒 1 个

酸刀豆、油、盐、老抽各适量

酸刀豆做法

1. 刀豆清洗干净。把刀豆蒂部去掉，切小段。

2. 把切好的刀豆段用料理机打碎（没有料理机的就要辛苦一些，用刀剁碎啦）。

3. 红、绿辣椒、朝天椒去蒂洗干净切粒。放料理机打碎。

4. 蒜去皮、姜去皮切末。把刀豆碎、辣椒碎、姜末、蒜末放入一个碗中，放盐、白醋（不在减脂期的可以再放一些冰糖，风味尝味更佳的。）

5. 搅拌均匀，就可以放入玻璃瓶封口，放冰箱冷藏腌制 3 ~ 4 天，一道酸甜开胃的配菜就可以开吃啦。

猪里脊炒酸刀豆土豆片做法

6. 猪里脊肉切薄片，土豆去皮切薄片，用水清洗几次沥干备用，红辣椒切小块。

7. 锅中放适量油，烧热，放一点点盐，放入猪里脊片翻炒变色。

8. 再放入土豆片翻炒 4 ~ 5 分钟。

9. 放适量酸刀豆翻炒，再加红辣椒块翻炒，放一点老抽上色翻炒，再加一点点水煮一下，这样做出来的土豆片更入味，小火翻炒收汁，即可盛出开吃。

小贴士：猪里脊是蛋白质，土豆是主食，再搭配一个青菜一顿减脂餐就完成啦。

猪肉

猪里脊炒时蔬

1 人份

原 料

猪里脊肉 50 克　　蛋清 1/3 个
红灯笼椒 1 个　　　盐、蚝油、生粉、
绿辣椒半个　　　　白胡椒粉、油、
蒜 1 瓣　　　　　　老抽各适量
洋葱 30 克

做 法

1. 猪里脊肉切薄片，用适量盐、蚝油、生粉、白胡椒粉搅拌均匀腌制20分钟。

2. 蒜切片，辣椒切小块，洋葱切小块备用。

3. 腌制好的里脊肉片中加蛋清搅拌均匀（在炒之前加，炒出来的肉质更加鲜嫩）。

4. 锅中放适量油，烧热，把里脊肉片放入锅中翻炒2分钟左右。

5. 把里脊肉片拨到一边，放入步骤2的所有材料，撒一点点盐翻炒。

6. 把锅中所有材料翻炒均匀，放适量老抽和蚝油上色调味即可。

原料和做法示意

猪肉

猪里脊蒸辣椒

(2 人份)

原 料

猪里脊肉 120 克　　蚝油、生粉、
辣椒 2 个　　　　　老抽、盐、玉
蒜 3 瓣　　　　　　米油各适量
豆豉 7 克（推荐
浏阳豆豉）

做 法

1. 猪里脊肉洗干净切薄片，放适量蚝油、生粉、
   老抽、盐、豆豉、玉米油按照一个方向搅拌
   均匀，腌制 20 分钟。

2. 辣椒切块，蒜切丁，与蚝油、老抽一起搅拌
   均匀腌制 20 分钟，再把腌制好的肉片和辣椒
   放一起搅拌均匀，放入碗中。

3. 蒸锅烧开水，把步骤 2 放入蒸笼中。

4. 盖上盖子中火蒸 15 分钟即可。

第 二 章

一

碳水化合物
（主食）

烤鸡胸肉和胡萝卜粒土豆泥

(1 人份)

原　料

鸡胸肉 1 块　　　蚝油、生抽、料酒、
土豆 1 个　　　　黑胡椒粉、辣椒粉、
蒜 5 瓣　　　　　盐、油各适量
胡萝卜 1 小段

做 法

1. 鸡胸肉洗干净沥干，水用刀背捶打松软。

2. 放适量蚝油、生抽、料酒、黑胡椒粉、辣椒粉抹均匀，包保鲜袋腌制一晚（还可以切点洋葱丝放里面一起腌制）。

3. 烤箱预热 160℃，烤盘铺上一层锡纸，放鸡胸肉，上下火 160℃ 烤 25 分钟，鸡胸肉上色即可。

4. 从烤盘中拿出鸡胸肉切薄片。

5. 锅中放鸡油和盐，把剁碎的蒜末放进去爆香，放适量黑胡椒粉，一点点淀粉兑水稀释，放入锅中煮黏稠，再放生抽上色即可，淋在鸡胸肉片上。

6. 土豆削皮切片，取一个蒸锅蒸熟。

7. 胡萝卜切丁，锅中放适量油和盐，把胡萝卜丁放入炒熟。

8. 蒸熟的土豆片压成泥，放黑胡椒粉和盐调味，再放炒熟的胡萝卜丁搅拌均匀即可。

原料和做法示意

牛肉酱土豆泥

(1人份)

原 料

土豆 1 个 油、盐、玉米淀
牛肉 50 克 粉、酱油、蚝油
蒜 4 瓣 各适量
姜 3 克

原料和做法示意

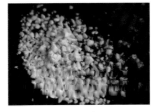
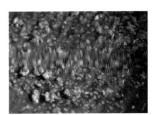

做 法

1. 土豆去皮切片蒸熟，压成泥，放碗里备用。

2. 牛肉剁成肉末。

3. 蒜和姜切末，锅中放油和适量盐，爆香。

4. 肉放肉末炒出油里水滴色

5. 用玉米淀粉兑水，水可以放多些，倒入肉末中，小火煮 7 分钟左右，放酱油和蚝油上色，试下味道，再按照自己的口味加盐调味，然后淋在土豆泥上即可。

五色荞麦面

2 人份

原 料

荞麦面 200 克	鸡蛋 1 个
牛肉 50 克	小蘑菇 80 克
胡萝卜半根	葱花、紫苏、蚝油、黑胡椒粉、淀粉、料酒、
黄瓜半根	盐、麻油、油、酱油、剁辣椒各适量

做 法

1. 牛肉切丝，用适量蚝油、黑胡椒粉、淀粉、料酒腌制半小时。

2. 胡萝卜削皮切丝，黄瓜、紫苏切丝备用。

3. 取深锅，放水烧开，水里面放些许盐，荞麦面煮熟；碗里放一点点麻油，把面条捞出搅拌一下（这样荞麦面就不会黏在一起了）。

4. 锅中放适量油，烧热，放腌制好的牛肉丝炒熟，不要炒太久，熟了即可，加些许酱油调色，这样炒出来的牛肉很嫩。

5. 把炒好的牛肉丝盖在荞麦面上。

6. 锅中放一点点油和盐，再放胡萝卜丝和剁辣椒炒一下盖在荞麦面上。

7. 锅中放一点点油和盐清炒黄瓜丝，也可不炒直接放荞麦面上。把鸡蛋炒一下，再放紫苏丝搅拌一下，陆续盖在荞麦面上。

8. 锅中放一点点油和盐，把小蘑菇清炒一下放葱花搅拌。

9. 按顺序盖在荞麦面上即可。

原料和做法示意

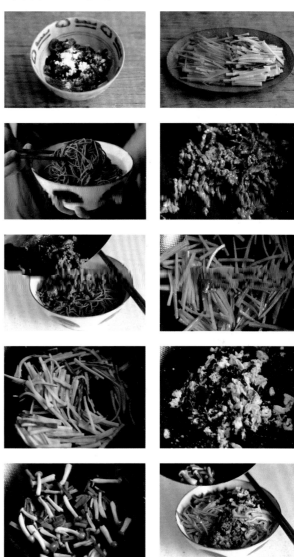

香菜牛肉炒时蔬荞麦面

(1人份)

原 料

荞麦面 200 克　　小蘑菇 80 克
牛肉 50 克　　　蚝油、生抽、料酒、黑胡
胡萝卜半根　　　椒粉、辣椒面、生粉、香油、
黄瓜半根　　　　酱油、盐、油、香菜、葱花、
鸡蛋1个　　　　紫苏各适量
辣椒1根

做 法

1. 牛肉切丝，用适量蚝油、生抽、料酒、黑胡椒粉、辣椒面、生粉搅拌均匀腌制20分钟。

2. 胡萝卜、黄瓜、辣椒洗净切丝备用。

3. 取一个碗，里面放适量香油、酱油、盐备用。

4. 煮熟的荞麦面放碗里搅拌均匀，让每一根荞麦面都均匀地沾上香油、酱油和盐（这样面条炒出来就不会黏在一起，荞麦面不要煮太熟，可以稍稍带点生）。

5. 锅中放适量油，烧热，放牛肉丝翻炒，炒熟即可，盛出。

6. 锅中放适量油和盐，首先放胡萝卜丝炒一下，再陆续放黄瓜丝和辣椒丝翻炒一下。

7. 放炒好的牛肉丝翻炒均匀。

8. 放荞麦面翻炒均匀。

9. 放入香菜、葱花，翻炒一下即可（注意从放牛肉丝那步开始就要调成小火翻炒），盛出。

原料和做法示意

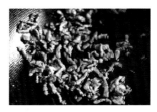 

· 135 ·

杂粮鸡胸肉拌饭

3 人份

原料

红米 50 克　　鸡胸肉 1 块
糙米 50 克　　姜丝、葱花、芹菜段、辣椒丁、生菜段、
胡萝卜半个　　蚝油、生抽、老抽、盐、葱花各适量
土豆半个

做 法

1. 把红米、糙米洗干净加水放电饭煲煮饭。

2. 土豆、胡萝卜削皮，鸡胸肉洗干净，全部切成丁，放姜丝（主要是去腥味，这一步很重要）和适量蚝油、生抽、老抽搅拌均匀，腌制 20 分钟左右。

3. 锅中放适量油，把腌制好的土豆丁、胡萝卜丁、鸡胸肉丁和姜丝捞出来，酱汁留在碗里不要下锅，中火炒几分钟，然后倒入酱汁加小半碗水稀释。

4. 倒入高压锅上气调中大火压 3 分钟，煮至自己喜欢的软度就好。

5. 锅中放油，放些许盐，把葱花放入锅中，炸成焦黄色（这一步也非常重要，葱油增加了拌饭的香味）。

6. 把芹菜段和辣椒丁放入锅中，中火炒一下。

7. 再把生菜段放入锅中炒一下，不需要炒很长时间，生菜本身可以生吃，有脆脆的口感更佳，关火。

8. 把煮熟的红米糙米饭（大概放了一小碗），放入锅中，取煮好的土豆胡萝卜鸡胸肉放入锅中，拌匀就可以装碗开吃了。

小贴士：这一款拌饭包含主食、蔬菜和肉类，营养比较全面，非常适合大人小孩吃。

原料和做法示意

荷塘月色版凉拌菜

2 人份

原　料

胡萝卜 120 克　　姜 8 克
藕 160 克　　　　葱白 4 克
干木耳 5 克　　　香菜叶、盐、香油、
荷兰豆 50 克　　　辣椒面、蚝油、老抽、
蒜 6 瓣　　　　　陈醋、生抽各适量

原料和做法示意

做　法

1. 胡萝卜、藕削皮洗干净切薄片（切得越薄越好，这样拌的时候更利于入味），荷兰豆去蒂洗干净，蒜、姜去皮切末，葱白切小段，香菜叶洗净备用。

2. 干木耳浸泡 40 分钟洗干净备用。

3. 锅中放水，烧开，水沸腾加水百油，火小开，藕片、胡萝卜片、荷兰豆煮 2 分 30 秒，捞出沥干水备用。

4. 小碟里放入辣椒面、蒜末、姜末、葱白段，再放适量蚝油、盐、老抽、香油搅拌均匀（不在减脂期的可以放一些糖，味道更佳），再另取一个锅烧热油淋在碟子里搅拌均匀。

5. 把做好的汁料倒入煮好的蔬菜上，再放适量陈醋和生抽调味，撒上香菜叶，搅拌均匀就可以开吃了。

烤麻辣花菜

2 人份

原 料

花菜半棵
花椒粉、孜然粉、
孜然粒、盐、辣椒面、
菜籽油各适量

做 法

1. 花菜洗干净用手瓣成小段，撒适量花椒粉、孜然粉、孜然粒、盐、辣椒面和菜籽油，搅拌均匀腌制半小时。

2. 烤盘垫一层锡纸，把花菜均匀地铺在烤盘上。

3. 烤箱 160℃烤 22 分钟。

4. 夹出就可以开吃了。

凉拌杏鲍菇

原　料

杏鲍菇一大根
黄瓜半根
胡萝卜半根
蒜、姜、香菜段、盐、辣椒面、
老抽、蚝油、油各适量

做法

1. 杏鲍菇洗干净放蒸笼蒸 15 分钟关火放凉。

2. 胡萝卜、黄瓜切丝垫底。

3. 放凉的杏鲍菇切丝放在胡萝卜丝、黄瓜丝上。

4. 蒜、姜切末放上面，放适量盐、辣椒面、老抽、蚝油。

5. 烧热油淋在上面，搅拌均匀。

6. 放适量香菜段搅拌均匀即可。

牛肉牛油果蔬菜沙拉

原 料

牛肉50克　　　生菜、圣女果、盐、
黄瓜半根　　　黑胡椒粉、孜然粉、
鸡蛋1个　　　料酒、生粉、橄榄油、
牛油果半个　　孜然粒、辣椒面各适量
蒜1瓣

做 法

1. 牛肉切小粒，用盐、黑胡椒粉、孜然粉、料酒、生粉腌制一晚上（一定要腌制一晚，这样牛肉煎出来才好吃）。

2. 生菜洗干净后，用手掰成小块垫底；蒜切末。

3. 黄瓜洗干净，用刨刀削成长条。

4. 鸡蛋煮熟，圣女果对半切开，放入盘中。

5. 锅中放少许橄榄油，烧热转中火，把蒜末爆香，放腌制好的牛肉粒翻炒，炒至自己喜欢的熟度，撒一点点孜然粒翻炒，再撒一层辣椒面，翻炒一下装盘。

6. 牛油果切片，装盘，撒一点点黑胡椒粉在沙拉表面，开吃。

茄汁花菜

1 人份

原 料

花菜半棵
番茄 1 个
蒜 4 瓣
盐、香油、油、
生抽、糖各适量

原料和做法示范

做 法

1. 花菜用手掰成小段，洗几遍，再用盐浸泡 10
   分钟（这样可以去除花菜表面的农药）。

2. 番茄背面划十字口，锅中放水烧开，放进去
   烫一下捞出去皮切丁；蒜切末。

3. 花菜捞出再清洗几遍，放入锅中加水，滴儿
   滴香油，放适量盐，煮 5 分钟左右。

4. 锅烧热，放适量油和盐，把蒜末爆香。

5. 放入番茄丁小火翻炒至黏稠，倒入一大勺水，
   加入适量生抽和糖。

6. 小火煮至汤汁慢慢浓稠，倒入煮好的花菜翻
   炒，让每一块花菜都均匀地沾上番茄汁，捞
   出即可开吃。

手撕烧辣椒

1 人份

原 料

辣椒 10 只左右
蒜 3 瓣
大蒜叶 1 根
豆豉（推荐浏阳豆豉）、油、
盐、酱油、蚝油各适量

做 法

1. 辣椒洗干净，放火上把辣椒皮烧黑。

2. 把辣椒表面的煳皮刷干净。

3. 清洗一下。

4. 把辣椒撕开。

5. 蒜切末，大蒜叶切小段，豆豉清洗干净。

6. 锅中放适量油和盐，放入蒜末爆香，放入豆豉翻炒一下，再放撕好的辣椒翻炒，放大蒜叶段翻炒一下，用些许酱油、蚝油调味即可装盘。

原料和做法示意

素炒三鲜

2人份

原料

老南瓜1块　　红辣椒1个
淮山药1块　　蒜3瓣
秋葵3个　　　油、盐、老抽、蚝油、
荷兰豆50克　 蒸鱼豉油各适量
绿辣椒1个

原料和做法示范

做法

1. 淮山药削皮切条，用清水多清洗几次，浸泡一下备用
2. 南瓜切条，秋葵切块，蒜切块，红辣椒切丁，绿辣椒切丝。
3. 锅中放适量油和盐，烧热，放入南瓜条翻炒，炒至南瓜变软关火盛出。
4. 继续开火，放入秋葵块和蒜块翻炒几下爆香，陆续放入红、绿辣椒翻炒。
5. 淮山药沥干水，放入锅中翻炒，放适量老抽、蚝油、蒸鱼豉油上色调味。
6. 放入炒熟的南瓜条稍稍翻炒一下，盛出就可以开吃了。

小贴士：不要炒时间太久，炒时间太久南瓜太软
　　　　会烂了的

蒜香烤茄子

(1 人份)

原　料

长茄子 1 根
蒜半头
洋葱半个
葱花、盐、五香粉、孜然粉、
菜籽油各适量

做　法

1. 长茄子对半切开，用刀在茄子上面划小
   格子。

2. 在茄子上面撒一层盐，五香粉，孜然粉，
   刷一层菜籽油放入烤箱 100℃烤 50 分
   钟（看个人烤箱而定，茄子软了即可）。

3. 蒜和洋葱切末。

4. 锅中放适量菜籽油烧热，放入蒜末、洋
   葱末小火翻炒，出香味即可。

5. 把炒好的蒜末和洋葱末均匀地铺在茄子
   上面，放入烤箱 160℃继续烤 20 分钟。

6. 撒一层葱花放入烤箱 160℃继续烤 5 分
   钟盛出即可。

原料和做法示意

虾仁烤南瓜蔬菜沙拉

(2 人份)

原料

南瓜半个　　熟鸡蛋 1 个
鲜虾 13 只　　生菜、盐、黑胡椒粉、
黄瓜半根　　油、料酒各适量
圣女果 3 个

做法

1. 南瓜削皮切厚一点的片，正反两面都撒上一层薄薄的盐和黑胡椒粉，均匀地抹上油，180℃烤 40 分钟（每个烤箱的温度都不一样，可以不时观察防止南瓜烤焦）。

2. 鲜虾去头去皮去虾线，清洗干净，用盐和料酒腌制 20 分钟（料酒主要去腥，这样炒出来的虾仁很鲜嫩，原汁原味）。

3. 生菜洗净，黄瓜刨片，放盘子最底部。

4. 圣女果对半切开，均匀放入沙拉盘中。

5. 把烤好的南瓜片均匀地放在沙拉盘中，熟鸡蛋去壳，对半切开。

6. 锅中放适量油，放虾仁翻炒，再均匀地撒一层黑胡椒粉在虾仁上。

7. 把炒好的虾仁倒入沙拉盘中即可。

原料和做法示意

孜然黑椒杏鲍菇

2 人份

原 料

杏鲍菇 1 个	酱油 1 克
洋葱半个	蚝油 6 克
蒜 5 瓣	水 95 克
黑胡椒粉 3.5 克	孜然粒、油、盐各适量

做 法

1. 洋葱和蒜放入料理机中打碎，也可以切碎，尽量切碎一点。

2. 杏鲍菇切小片备用。

3. 锅中放适量油，把洋葱蒜末爆香。

4. 黑胡椒粉、酱油、蚝油、水搅拌均匀。

5. 倒入爆香的洋葱蒜末中，小火熬制浓稠盛出。

6. 把锅洗干净，烧热放油（油可比平时炒菜时多一点点），把杏鲍菇片下锅，全程大火翻炒。

7. 炒两分钟会出水，继续翻炒至无水，杏鲍菇边上焦黄。

8. 放孜然粒翻炒至出香。

9. 再加入一大半做好的酱汁，翻炒均匀。

10. 根据个人口味可以适量再加一点点盐调味，即可盛出开吃。

第 四 章

一

家常减脂菜

豆豉苦瓜

(2人份)

原 料

苦瓜1根
红、绿辣椒各1个
豆豉适量（推荐浏阳豆豉）
盐、油、蚝油、老抽各适量

做 法

1. 苦瓜去瓤，切薄片，多放一些盐（等下会清洗，所以不用怕太咸），抓均匀（多抓几分钟，让苦瓜出水），放20分钟。

2. 绿辣椒切丝，红辣椒切丁，豆豉洗干净备用。

3. 清洗浸泡的苦瓜片，双手挤掉苦瓜里面的水分。

4. 锅烧热，把苦瓜片炒干水分捞出。

5. 锅中放适量油，烧到温热放入豆豉，接着放入红绿辣椒翻炒，再放入炒过的苦瓜片翻炒，放适量蚝油、老抽上色调味。

6. 苦瓜片炒得老一些、软一些，会更加入味，而且没有一点苦味，炒到自己喜欢的软硬程度即可。

小贴士：不在减脂期的朋友，在第5步骤放入油的时候，可以放一点肥肉炸一下，炸出的油更香。

原料和做法示意

豆豉辣椒

(2 人份)

原 料

红灯笼椒 3 个
蒜 3 瓣
豆豉（推荐浏阳豆豉）、油、
盐、老抽、蚝油各适量

做 法

1. 锅中放适量油烧热，放适量盐（盐先放，能
   更好地入味），转小火，放入压扁的蒜和豆
   豉炒香。

2. 转中火，放入切片的红灯笼椒炒两三分钟。

3. 放入适量老抽、蚝油调味，再翻炒一两分钟。

4. 就可以锅并吃了。

小贴士：这道菜首先一定要爆炒一下豆豉，这样
炒出来的辣椒才香。

麻婆豆腐

[2 人份]

原 料

牛肉 50 克　　　　葱 1 根　　　　　辣椒面 1 克

水豆腐 320 克　　蒜 3 瓣　　　　　生粉 5 克

（也可以选用　　干红辣椒 7 个　　油、料酒、盐、

内酯豆腐）　　　花椒 1 克　　　　生抽、老抽各适量

做 法

1. 锅烧热，刷一层薄薄的油，把干红辣椒和花椒小
   火不停翻炒香，盛出冷却，用料理机打成末备用
   （觉得麻烦的可以直接用花椒面和辣椒面代替）。

2. 牛肉剁成末，放适量料酒、一点点盐、些许生
   抽、生粉搅拌均匀备用。

3. 水豆腐切小块，葱切小段，蒜切末。

4. 锅中放适量水烧开，放些许盐，把水豆腐块放进
   去煮 20 秒捞出放入冷水中备用。

5. 炒锅烧热，倒入适量油，把蒜末放进去爆香，再
   放入牛肉末翻炒香。

6. 撒上辣椒面，翻炒，加入大半碗水煮开，放适量
   生抽、盐、一点点老抽调味，把沥干水的豆腐块
   放入锅中，小火煮 7 分钟左右，待汤汁稍稍浓
   稠，放入步骤 1 的花椒辣椒粉。

7. 生粉兑 120 克水搅拌均匀，倒入锅中，小火煮至
   汤汁浓稠，其间用勺子轻轻翻拌以免煳底，撒上
   葱段即可出锅。

三色拌茄子

2 人份

原 料

牛肉 50 克　　香菜、盐、蒸鱼豉油、
茄子 1 根　　　蚝油、姜末、生粉、
辣椒 1 个　　　黑胡椒粉、油、老抽
蒜 3 瓣　　　　各适量

原料和做法示意

做 法

1. 茄子削皮切段，用盐、蒸鱼豉油、蚝油均匀搅拌好，腌制 20 分钟。

2. 蒸锅烧开水，放腌制好的茄子放上锅蒸 15 分钟，蒸出来会有一些水，可以沿着碗边倒掉。

3. 牛肉剁成肉末，用姜末、生粉、黑胡椒粉、盐搅拌均匀备用。

4. 蒜切末，香菜切小段，辣椒切末备用。

5. 锅中放入适量油，烧热，把腌制好的牛肉末放入锅中翻炒至变色，拨到锅中一边。

6. 锅中放一点点盐，把辣椒末放进去翻炒，再和牛肉末混合，加一点点老抽、蚝油调味。

7. 把炒好的牛肉末均匀地摆在蒸好的茄子段中间，左右两边摆上蒜末、香菜段。

8. 搅拌均匀，开吃。

手撕包菜

2 人份

原 料

圆包菜 1 个	蒸鱼豉油 10 克
干红辣椒 8 个	陈醋 9 克
蒜 3 瓣	蚝油 10 克
生抽 8 克	水 46 克

做 法

1. 包菜用手撕成小块，洗净沥干备用。

2. 生抽、蒸鱼豉油、陈醋、蚝油、水（如在减脂期的可以再放糖 3 克，炒出来味道更佳），搅拌均匀备用。

3. 蒜切片，干红辣椒切小段备用。

4. 锅烧热，把包菜块下锅翻炒变软盛出。

5. 锅中放入适量油烧热，把蒜片和干红辣椒段炒香。

6. 放入炒软的包菜块翻炒均匀。

7. 再倒入调好的汁水，小火翻炒入味，试一下，淡了可再加一点点盐调味。

小贴士：包菜一定要先炒至变软，那样更利于入味。

酸萝卜小炒牛肉丝

2 人份

原 料

牛肉 100 克　　蒜 2 瓣　　　料酒、生抽、老抽、
白萝卜 110 克　香菜两大根　陈醋各适量
胡萝卜 50 克　　蛋清半个
红辣椒 2 个　　生粉、蚝油、

做 法

1. 牛肉按纹理切丝，加入半个蛋清和适量生粉、蚝油、料酒、生抽往一个方向用力搅拌，让牛肉充分吸收料汁（这一步非常关键，只有牛肉充分吸收了料汁，炒的时候才不会出水）。

2. 白萝卜、胡萝卜去皮切成均匀丝，放陈醋、蚝油搅拌均匀，腌制 20 ~ 30 分钟。

3. 红辣椒切丁，蒜切薄片，香菜切长一点的段备用。

4. 锅中放适量油烧热，放一点点盐（一点点就够了，因为牛肉之前用蚝油、生抽腌制了），把腌制好的牛肉丝放入锅中翻炒变色，放一点点老抽上色，再炒 1 ~ 2 分钟捞出。

5. 把腌制好的酸萝卜沥干醋汁，锅中有剩余的油汁，烧热，把酸萝卜放进去翻炒 4 ~ 5 分钟，把炒好的酸萝卜拨到锅的一边。

6. 放入红辣椒丁和蒜片翻炒，放一点点盐，再与牛肉丝一起翻拌炒均匀。

7. 把香菜段放进去翻炒，尝一下咸淡，淡了可以再加些许盐调味，盛出就可以开吃了。

孜然蒜苗炒鱿鱼

　2人份

原　料

鱿鱼仔8只　　新鲜红、绿辣椒各1个
蒜苗110克　　辣椒面、料酒、盐、油、
姜18克　　　孜然粉、老抽、生抽各适量
蒜4瓣

原料和做法示意

做　法

1. 鱿鱼仔去掉鱼眼、鱼骨，清洗干净。

2. 鱿鱼仔切丝，蒜苗切小粒，一半姜切片，
   一半姜切末，蒜切末，辣椒切丝备用。

3. 锅中烧开水，放姜片、料酒和盐，把鱿鱼
   丝煮2分钟捞出沥干。

4. 把鱿鱼丝里面的姜片去掉备用。

5. 锅中放适量油和盐，烧热，把姜末、蒜末
   爆香。

6. 放入蒜苗粒翻炒变软。

7. 放入辣椒丝，翻炒2分钟，放适量孜然粉
   和辣椒面、老抽，翻炒均匀，把鱿鱼丝放
   进去翻炒，再放些生抽翻炒，试一下味道，
   可以再放一点点盐和生抽调味翻炒。

8. 即可出锅开吃。